让孩子看懂世界的动物故事

荒野大乐园

《让孩子看懂世界》编写组 编著

石油工业出版社

万物有灵且美。那些消失在历史中的史前怪兽，那些微小却重要的小虫子，那些国家珍稀保护动物，那些作为家庭伙伴的小宠物，还有那些生活在天空中、地底下、海洋里的野生动物们，它们的生活，是那么神秘、那么有趣，构成了一个不同于人类社会的世界。

作为一起生活在地球上的伙伴，我们对它们又有多少了解呢？现在，打开这本书，让我们了解一下，这些迷人又可爱的大家伙和小家伙吧！

目录

第1章 邂逅丛林"居民"

猩猩和猴子：人类的"近亲"

第 2 章　狂野沙漠动物会

第1章

邂逅丛林"居民"

猛兽出没

在野外丛林里，动物们面对的是弱肉强食的世界，力量强大的往往处于食物链的顶端。那么，在丛林里面，哪些动物位于食物链的顶端呢？

为什么"一山不容二虎"

虎，被誉为百兽之王，也被戏称为"大猫"，不过老虎属于大型猫科动物，这样说来，"大猫"的称呼也不是没有道理。

老虎的头大而圆，毛色一般为黄色（也会出现白虎，一般为白化的孟加拉虎），有黑色横纹，额头上一般会有形同"王"字的斑纹。

老虎捕食的时间通常是在晚上，主要采用伏击方式捕获猎物。老虎的听觉和嗅觉都十分敏锐，而且会游泳，但是并不擅长爬树。

关于老虎不擅长爬树这件事，民间还有个小故事。

老虎向猫学本领，本领学得差不多时，老虎就打算吃掉自己的猫老师，最终猫爬上树顶才保住了性命，而爬树就是老虎没有学会的最后一项本领。

故事中老虎的脾气挺大，现实中也是如此。作为位居食物链顶端的大型猫科动物，老虎的性格并不温和，加上它身形庞大，攻击性极强。所以当受伤的老虎误闯人类社会时，就需要专业的救助人员使用麻醉枪对老虎进行麻醉后再救助。

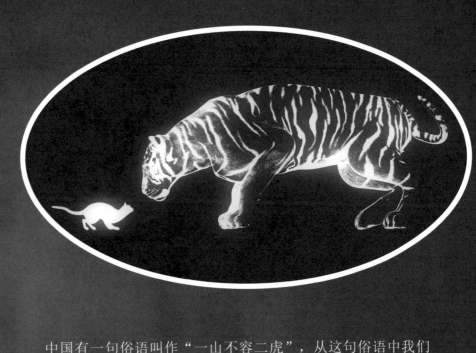

中国有一句俗语叫作"一山不容二虎"，从这句俗语中我们可以一窥老虎的两个习性。

一个是老虎主要生活在山地丛林；另一个是老虎属于独居动物，它们有很强的领地意识。也就是说，如果某处丛林有老虎，那么一般情况下该丛林一片区域内只会出现一只老虎。不仅如此，当一只老虎占领一块领地后，它还会驱赶领地内其他的大型食肉动物，比如狼、豹等。

目前，我国野外相对常见的老虎品种主要是东北虎和孟加拉虎，其中东北虎是体型最大的老虎，成年雄虎体长能达到3米。现在，东北虎和孟加拉虎已被列入世界濒危物种。

武松打虎

在中国古代，老虎这种大型食肉动物对人类、牲畜造成的伤害很大，古人称之为"虎害"。从《水浒传》中"武松打虎"的故事，就能够看出来老虎吃人的事情让人多么惶恐不安。

梁山好汉武松回乡探望哥哥武大郎，途经景阳冈时看见一间小酒铺，铺子门前挂着一面酒旗，上面写着"三碗不过冈"。武松让店家上酒上菜，店家给他上了三碗酒。武松喝过三碗酒之后还要再喝。店家却说，要吃肉可以再添，要喝酒就不给添了。武松奇怪地问为什么。店家说自家的酒后劲十足，喝了三碗之后起初没事，但是出门就倒，根本过不了前面的景阳冈，所以叫作"三碗不过冈"。武松不信，店家实在拗不过他，便继续给他添酒，谁知道武松竟然一口气喝了十八碗。武松酒足饭饱后还想着赶路，店家劝他留下歇息，说前面的景阳冈有老虎，每年都会吃人。武松不顾店家劝阻继续前行，来到景阳冈后，就醉醺醺地打起了瞌睡。正在他酣睡时，一只老虎突然跳了出来！武松睁眼一瞧是只

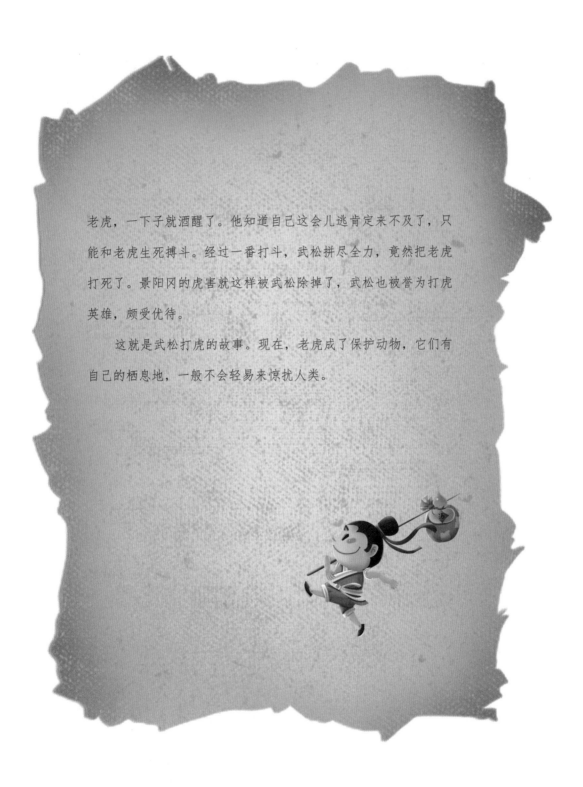

老虎，一下子就酒醒了。他知道自己这会儿逃肯定来不及了，只能和老虎生死搏斗。经过一番打斗，武松拼尽全力，竟然把老虎打死了。景阳冈的虎害就这样被武松除掉了，武松也被誉为打虎英雄，颇受优待。

这就是武松打虎的故事。现在，老虎成了保护动物，它们有自己的栖息地，一般不会轻易来惊扰人类。

狮群的有趣生活

狮子和老虎一样，都是猫科动物。但是，狮子在猫科动物中有一样十分独特的外貌特征——公狮有浓密的长鬃毛，而母狮没有鬃毛。

狮子是一种群居动物，一个狮群就是一个大家庭。在这个家庭里通常有一头领头的公狮，也就是狮王，数头成年母狮是狮群的核心。在狮群中，公狮会换，母狮相对稳定。也就是说，一头公狮子有可能被更加年轻力壮的公狮子赶走，刚成年的小狮子也会被赶出狮群。残忍的是，新狮王为了让母狮尽快生下自己的孩子，会杀死原来狮王留下的孩子。有时候，一些母狮为了保护自己的孩子，会选择提前带孩子出走。

在狮群中，公狮并不负责狩猎，它们的职责主要是守护狮群，繁衍后代。公狮能够轻松杀掉骚扰狮群的鬣狗，保护母狮和幼狮。

　　而母狮们会合作捕猎，它们总是小心翼翼地贴近目标，尽可能隐藏自己，在一定范围内迅速向目标猎物发动攻击。母狮既要"出门干活"，又要"照顾家庭"。母狮们狩猎成功后，狮群的其他成员会一哄而上分享猎物，通常是强有力的公狮优先享用猎物，公狮吃饱了，母狮才能吃。同时，母狮们还要照顾狮群里的小狮子，即使是没生育的母狮也会负起照看小狮子的责任。

从亚群分类来说，狮子主要分为非洲狮和亚洲狮。非洲狮主要分布于撒哈拉沙漠南部的非洲草原，而亚洲狮主要分布于印度西北的森林保护区中。

　　猫科动物的毛色其实有保护自己的作用。非洲狮黄棕色的毛能够让它们很好地隐藏在非洲草原的草丛中。但是，当非洲狮休息的时候，它们会选择视野开阔的地方，这样方便它们观察周围的情况。亚洲狮的体形比非洲狮小一些，不过战斗力可以说是亚洲猫科动物的"天花板"。

　　美洲狮主要分布在美洲大陆上，但这种动物并不是狮子。狮子属于猫科豹亚科，而美洲狮则为猫亚科，两者没有直接关系。同时，两者的外形也有差异，比如，狮的耳朵形似半圆，而美洲狮的耳朵呈尖长形。

十二星座中的"狮子座"

　　相传，古希腊有一位英雄，名叫赫拉克勒斯，他完成了十二个"不可能完成的任务"，其中一个就是勇斗"尼米亚巨狮"。

　　尼米亚巨狮生活在尼米亚森林之中，据说它的皮毛刀枪不入、水火不侵，任何东西都无法伤到这头狮子。赫拉克勒斯的任务就是剥下尼米亚巨狮的皮毛。

　　赫拉克勒斯来到尼米亚森林，正想着如何找到尼米亚巨狮，这时不远处走来了一只巨大的狮子。赫拉克勒斯马上拉弓开箭，却根本伤不到狮子。狮子被无缘无故朝它射箭的赫拉克勒斯激怒了，最后一人一狮搏斗起来。在搏斗中，赫拉克勒斯爬到了狮子背上，将狮子勒死了。

不过，尼米亚巨狮虽然死了，但是，该用哪种工具将狮子的皮剥下来又成了一个问题，他试了自己身边所有的物品，匕首、箭矢、锋利的石头，结果都失败了。最后，他忽然想到（也有一种说法是女战神雅典娜告诉他的）用狮子自己的利爪割开狮子的皮毛。最终，他成功地将皮毛带了回去。在一些关于古希腊神话的艺术作品中常常出现一个披着狮子皮的男人，或者一个正在和狮子搏斗的男人，他就是赫拉克勒斯。

　　赫拉克勒斯的父亲是众神之王宙斯，宙斯为了纪念儿子杀掉尼米亚巨狮，将狮子的尸体升上天空，变成了星座，就是"狮子座"。

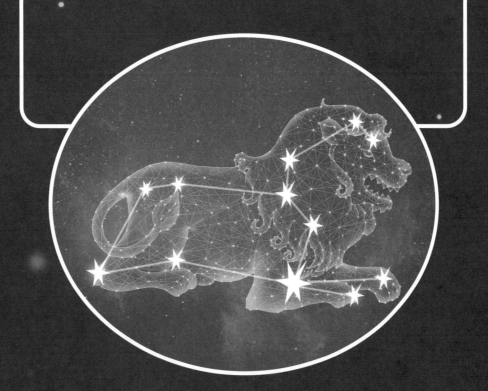

等级森严的狼群大家庭

狼的基本社会单位是家庭，狼群通常由一对成年狼及其若干后代组成。在狼群大家庭中，成年狼会关爱和保护狼崽，同时也会守护和供养受伤或者年长的家人。

这种紧密的家族关系也体现在狼群成员对自己的身份认知上。等级最高的狼被称为"阿尔法狼"（alpha，α 是希腊字母表的首字母），处于次高级地位的是一对"贝塔狼"（beta，β 是希腊字母表的第 2 个字母），等级最低的则是"欧米伽狼"（omega，Ω 是希腊字母表的最后一个字母）。在一个狼群中，只有领头的阿尔法狼和它的唯一配偶有繁衍后

代的权力。虽然狼群中的其他狼没有生育后代的权力，但它们却有养育共同的"子女"的义务。

　　阿尔法狼不仅体型健壮，还经验丰富。阿尔法狼需要维持家庭的和谐氛围，为整个狼群作出各种生存决策，在狼群中拥有绝对权威。如果狼群遇到危险，头狼无法保障狼群的安危，那么它很可能会被其他成员联合驱逐，甚至杀死。

　　正因为有了严格的等级制度，狼群内部很少发生大规模争斗，整个狼群得以在一个相对稳定的环境下繁衍生息。

狼与罗马城

　　传说有一对兄弟，名叫努米托和阿穆略，他们都有王位继承资格。后来，努米托继承了王位，阿穆略则继承了王族财宝。但是，阿穆略从哥哥努米托手中抢走了王位，还杀死了自己所有的侄儿，因为担心这些男性继承人长大后会报复他。不过，阿穆略放过了努米托的女儿西尔维娅。只是西尔维娅终究会嫁人，她也会生下继承了王室血脉的孩子，这样的事情是阿穆略不能忍受的。于是，他就让西尔维娅去做女祭司，因为女祭司是不允许结婚的。世事难料，战神马尔斯爱上了西尔维娅，还和她生下了一对双胞胎。

听到西尔维娅生下两个儿子，阿穆略心惊胆战，便派人去杀害这一对双胞胎。最终这两个婴儿被放进篮子扔到了河里。但是篮子并没有沉下去，而是顺着水流漂了很远，直到篮子搁浅在岸上。两个孩子饿急了，大声啼哭，声音引来了一只母狼。这只母狼刚生下小狼崽不久，奇怪的是它并没有吃掉两个婴儿，还给他们喂奶，让两个孩子吃饱肚子。就这样，两个婴儿靠这只母狼得以存活，最终被一位路过的牧人发现，牧人将他们带回家收养。两个孩子就这样在养父家茁壮成长，一个名叫罗慕路斯，一个名叫勒莫斯。两人继承了战神血脉，从小就孔武有力。兄弟俩长大后，得知了自己的身世，决定推翻阿穆略的残暴统治。

　　最终，兄弟俩成功了，还把王位还给了外祖父努米托，并且决定在自己幼时被牧人发现的地方建立一座新城。但是，兄弟俩在建城中发生冲突，勒莫斯被杀，罗慕路斯称王，而这座城最终也以罗慕路斯的名字被命名为"罗马"。

穿"波点大衣"的猎豹

　　说完了丛林里的狼，我们再来说说猎豹。远远看过去，猎豹像一只非常壮硕的大猫，其实，和老虎、狮子相比，豹子的声音偏细，更接近猫的叫声。

　　猎豹严格来讲并不是豹，猎豹属于猫亚科猎豹属。我们常说的豹，其实是花豹，也就是金钱豹。

　　猎豹身上的斑点，就像是人的指纹，乍看上去形状差不多，仔细对比的话，就会发现每一只猎豹身上的斑点都不相同。猎豹的黑斑点能够帮助它掩护自己，躲在草丛里时，小心翼翼的猎豹很难被发现。

　　猎豹奔跑的速度虽然很快，但它们的耐力很差，每次追击捕猎之后，需要休息较长时间来恢复体力，这给了其他一些捕食者可乘之机，往往猎物在这段时间会被抢走。当捕到的食物太多吃不完时，猎豹会把吃剩的猎物挂在树上，等找不到猎物时再吃。许多野外生存的猫科动物都有贮食行为。

　　猎豹拥有非常完美的体形，当它奔跑起来的时候，肌肉的线条十分漂亮且充满力量。它奔跑的速度非常快，平均时速可达 90 公里，一般情况下，它会远远地、静悄悄地观察猎物，当猎物放松警惕时，就迅速出击，通常猎豹会紧紧咬住猎物的脖子，等它们窒息而死。

管中窥豹

　　中国有一个成语，叫作"管中窥豹"，意思是从竹管里看豹，看见的只是它身上的一块斑纹。比喻只看到事物的一部分，看不见全貌。这个成语背后还有一个故事。

　　有"书圣"之称的东晋大书法家王羲之和他的儿子王献之并称为"二王"。据说，王献之小时候非常聪慧，有一次，他见有几个人正在玩一种棋类游戏，就凑上前去观看，其间没控制住自己，就指点了几下。哪里知道玩游戏的人看他年纪小，就笑他："这个孩子就像从竹管里看豹，只能看到一处斑纹。"王献之被嘲笑后生气地走了。王献之走的时候，还甩了一下袖子表示自己的愤怒，所以又有了"拂袖而去"这个成语。

猩猩和猴子：人类的"近亲"

自然界中，猩猩和猴子种类繁多，外形和习性各异，而作为灵长类动物，它们也十分聪明。不过，要论机灵聪慧的话，黑猩猩可是"个中翘楚"；而要论优雅可爱的话，金丝猴自然不遑多让。

像人类的黑猩猩

在灵长类动物中，相比猴子，人类同猩猩的亲缘关系更近一些，尤其是黑猩猩。

黑猩猩生活在非洲，主要有两种：一种是非洲分布较广的普通黑猩猩，另一种是主要生活在非洲刚果（金）的倭黑猩猩。

早在 18 世纪，解剖学家就发现黑猩猩和人类的生理构造十分相似。到了 20 世纪，基因研究表明黑猩猩和人类的基因相似度高达 98.4%。黑猩猩和人类不仅生理构造和基因相似，一些生活方式、行为方式也很相似。

比如，普通黑猩猩在捕食白蚁的时候，会制作并使用工具，它们会把树枝加工成探针状，再用树枝从白蚁穴里掏白蚁吃。

再如，普通黑猩猩也具备使用符号进行沟通的能力，经过训练的黑猩猩甚至能和人类进行"跨物种交流"。20 世纪 70 年代，特里克西·加德纳和她的丈夫教会了一只黑猩猩美国手语，通过学习一百多个手势符号，这只黑猩猩能够和他们进行简单交流。

　　在两种黑猩猩中，相对于普通黑猩猩，倭黑猩猩的长相和身体比例更接近人类。倭黑猩猩体形更小、肢体更加修长，头也更小，小耳朵、宽鼻孔、红嘴唇，面部表情神似人类。倭黑猩猩也更能保持直立状态，它们有时候还会两手拿着东西直立行走。

　　同时，两种黑猩猩的性格也略有不同，黑猩猩重视等级，时有暴力行为发生；而倭黑猩猩则相对平和，鲜少有撕咬、猛攻等攻击行为。

灵长目

　　哺乳纲下的一目，包括类人猿、猴等，是最高等的哺乳动物，大脑较发达，面部短，锁骨发育良好，四肢都有五趾，便于抓握。

　　猴的体形中等，身上多毛且长有尾巴，口腔有储存食物的颊囊，野生的猴子主要以昆虫、鸟卵、野果、野菜等为食。

　　猩猩外形像猴，但体形更大，两者最显著的区别是猩猩没有颊囊和尾巴，而且有更多跟人类相似的特征。猩猩的种类有很多，如黑猩猩、大猩猩等。

《人猿星球》

《人猿星球》五部曲是具有很强思辨性的系列电影。

其中第一部较为经典，其梗概是：

一艘20世纪的飞船经过6个月的近光速飞行（相当于历经几百年的时间）坠落在一个陌生的星球上，幸存的船长泰勒和两名船员出舱探查星球情况。

他们惊喜地发现，这颗星球无论是土地还是空气，都和地球相近。

同时，他们还发现了一些人类，不过，这些人类都穿着原始且不会说话，看起来智商不是很高的样子。

正在他们疑惑之际，一群猿人出现了，这些猿人骑着马、拿着武器、说着人话来捕捉这些人类，泰勒连同这些人类一起被抓了。

原来，在这个星球，猿人才是会说话、会思考、会发明、有组织的存在，而人类只不过是供他们研究的对象。

最终，泰勒引起了人猿博士基拉和其男友康奈利的注意，他在人猿学术界引发了争议。

后来，泰勒和基拉、康奈利一起探索这颗星球的秘密。当他们闯入星球上的禁地之后，发现了地铁的遗迹，还有海水中露出的胜利女神像。

　　这一切说明，泰勒的飞船在宇宙中经过漫长的航行，最终又回到了地球，只不过，这个时候地球上已经没有了人类文明，取而代之的是人猿文明。

山魈

在中国的民间故事中，山里经常会出现一些精怪，其中一种被称为"山魈"。

各种中国古书对山魈有不同的描写：有的说山魈的体型像一个小孩子，用一条腿走路，脚是朝后长的，喜欢晚上出没侵扰人类；有的说山魈长着一张和人非常相像的脸，不过手臂却比人长得多，身上长满黑毛，只要看见有人就会笑。

传说中，它可以跑得比豹子还快，可以徒手撕裂虎豹，乃是山中霸王，且寿命很长。

民间传说或许有夸大之处，不过，现在我们说的山魈，其实是一种猴科灵长类动物，也被称为"鬼狒狒"。

它形似狒狒，手臂很长，脸颊呈蓝色或白色，鼻梁为鲜红色，面部狭长，远远看去，的确像一个"鬼怪"。

国宝金丝猴

金丝猴是猴科金丝猴属动物，因鼻孔是向上朝天的，也被称为"仰鼻猴"。它们的猴毛并不都是金黄色的，大多模样俊俏，和大熊猫同为中国国宝级动物。

在我国，金丝猴因为生活在不同的地方，而有品种上的差异。比如，川金丝猴分布范围最广，主要生活在四川、甘肃、陕西秦岭一带，毛发是金灿灿的黄褐色。在冬日的阳光下，蹲在树上的川金丝猴映衬着白雪，更加显得毛发金亮，的确不负"美猴王"的美誉。黔金丝猴主要分布在贵州，它身上的毛发主要是灰褐色、灰白色，只在颈下、腋部、上肢内侧等一些地方呈金黄色。滇金丝猴（主要分布在中国川、滇、藏三省区交界处）和怒江金丝猴（主要分布在云南）则和"金丝"关系不大，前者身上主要有蓝、灰、白等颜色，后者多是一身黑色。

金丝猴生活在高山密林之中，身上的长毛可耐寒，吃浆果、竹笋，也喜欢吃鸟蛋，有时会到地上寻找苔藓、虫卵之类的食物。

金丝猴性格温和，受人喜欢，但野外遇见金丝猴时，我们应该不靠近、不投喂、尽量减少对金丝猴的干扰。

《西游记》中的孙悟空

　　在中国的文学与影视作品中，最有名的猴子可能就是《西游记》中的齐天大圣孙悟空。

　　《西游记》第一回"灵根育孕源流出，心性修持大道生"讲述了孙悟空的出身来历，它因进入水帘洞而被众猴尊为猴王、得到"美猴王"之称的故事。故事还提到他到菩提祖师的三星洞访道学仙并被赐名"孙悟空"。

　　那座山正当顶上，有一块仙石。其石有三丈六尺五寸高，有二丈四尺围圆。三丈六尺五寸高，按周天三百六十五度；二丈四尺围圆，按政历二十四气。上有九窍八孔，按九宫八卦。四面更无树木遮阴，左右倒有芝兰相衬。盖自开辟以来，每受天真地秀，日精月华，感之既久，遂有灵通之意。内育仙胞，一日迸裂，产一石卵，似圆球样大。因见风，化作一个石猴。五官俱备，四肢皆全。便就学爬学走，拜了四方。目运两道金光，射冲斗府。

　　……

　　石猿端坐上面道："列位呵，'人而无信，不知其可。'你们才说有本事进得来，出得去，不伤身体者，就拜他为王。我如今进来又出去，出去又进来，寻了这一个洞天与列位安眠稳睡，各享成家之福，何不拜我为王？"众猴听说，即拱伏无违。一个个序齿排班，朝上礼拜。都称"千岁大王"。自此，石猿高登王位，将"石"字儿隐了，遂称美猴王。

　　……

祖师笑道："你身躯虽是鄙陋，却像个食松果的猢狲。我与你就身上取个姓氏，意思教你姓'猢'。猢字去了个兽傍，乃是个古月。古者，老也；月者，阴也。老阴不能化育，教你姓'狲'倒好。狲字去了兽傍，乃是个子系。子者，儿男也；系者，婴细也。正和婴儿之本论。教你姓'孙'罢。"猴王听说，满心欢喜，朝上叩头道："好！好！好！今日方知姓也。万望师父慈悲！既然有姓，再乞赐个名字，却好呼唤。"祖师道："我门中有十二个字，分派起名，到你乃第十辈之小徒矣。"猴王道："那十二个字？"祖师道："乃广、大、智、慧、真、如、性、海、颖、悟、圆、觉十二字。排到你，正当'悟'字。与你起个法名叫做'孙悟空'，好么？"猴王笑道："好！好！好！自今就叫做孙悟空也！"

　　……

　　而在第四回"官封弼马心何足，名注齐天意未宁"中，孙悟空被宣上天庭并且被封为弼马温，但是当他得知自己是末等官员时，觉得倍受屈辱，一怒之下离开天庭，回到花果山，还办了酒宴解闷，宴席中有人提出了"齐天大圣"的称谓。

　　正饮酒欢会间，有人来报道："大王，门外有两个独角鬼王，要见大王。"猴王道："教他进来。"那鬼王整衣跑入洞中，倒身下拜。美猴王问他："你见我何干？"鬼王道："久闻大王招贤，无由得见；今见大王授了天箓，得意荣归，特献赭黄袍一件，与大王称庆。肯不弃鄙贱，收纳小人，亦得效犬马之劳。"猴王大喜，将赭黄袍穿起，众等欣然排班朝拜，即将鬼王封为前部总督先锋。鬼王谢恩毕，复启道："大王在天许久，所授何职？"猴王道："玉帝轻贤，封我做个甚么'弼马温'！"鬼王听言，又奏道："大王有此神通，如何与他养马？就做个'齐天大圣'，有何不可？"猴王闻说，欢喜不胜，连道几个"好！好！好！"教四健将："就替我快置个旌旗，旗上写'齐天大圣'四个字，立竿张挂。自此以后，只称我为齐天大圣，不许再称大王。亦可传与各洞妖王，一体知悉。"

　　这就是《西游记》中石猴"美猴王""孙悟空""齐天大圣"三个称谓的由来。

第 2 章

狂野沙漠动物会

骆驼的故事

　　唐朝诗人王维写过一首《使至塞上》，描述的是广袤的沙漠："单车欲问边，属国过居延。征蓬出汉塞，归雁入胡天。大漠孤烟直，长河落日圆。萧关逢候骑，都护在燕然。"诗里的大漠显得十分苍凉、寂静，不过，沙漠真的如我们看到的那么苍凉吗？事实上，那里也是一个热闹的世界，生活着很多独特的生物。

骆驼：沙漠之舟

在沙漠中，骆驼被称为"沙漠之舟"。自古以来，人在穿越沙漠的时候，常常会选择骆驼作为交通工具。骆驼能够在沙漠中占有优势，是因为它独特的身体构造。从外表来看，它的背上有驼峰。骆驼分为双峰驼和单峰驼，前者背上有两个驼峰，后者背上只有一个驼峰。驼峰里面储存的东西是脂肪，因为有这些脂肪，骆驼可以连续几天不吃东西。

骆驼有很强的耐热能力和耐旱能力。为了减少水分流失，在气温高的白天，骆驼可以增高体温，储存热量。骆驼排汗少，一般体温到了40℃以上才会出汗，同时，排出的粪便也比较干燥，尿液也经过高度浓缩后再排出。骆驼会在水草丰富的地方大量进食，虽然它的蓄水能力比较弱，但对体内水的重吸收能力很强，它的鼻腔很大，鼻道很多，呼吸时能将水分循环利用，因此能耐干渴。

所以，在沙漠中需要行进好几天的情况下，既能载人又能载行李的动物，骆驼可以说是第一选择。

丝绸之路和骆驼

骆驼，不仅是"沙漠之舟"，也是古丝绸之路最主要的运输工具，是丝绸之路的不巧象征。

西汉时期，张骞出使西域，开辟了一条中原与西域之间的通道，这就是"丝绸之路"。丝绸之路不仅是贸易要道，更是东西方政治、经济、文化的交流通道，丝绸之路打通了汉朝通往西域的南北道路。

张骞是汉朝时期杰出的外交家，丝绸之路的开拓者。建元三年（公元前138年），张骞奉汉武帝之名，从长安出发，出使西域。

张骞第一次出使西域的目的是联合大月氏对抗匈奴，但是，他中途被匈奴人抓获，并被扣押了十多年。后来张骞出逃，在西域待了一年多，未能劝说大月氏攻打匈奴，只得东返。随后汉军击败匈奴，打通了中原和西域的交通要道。之后，张骞二次出使西域，目的是招引乌孙回河西故地，同时加强与西域各国的联系。

从那时起，中原的丝绸、茶叶、瓷器通过丝绸之路流向西域，而西域的宝石、宝马、玻璃、果蔬等也被运输到中原一带。骆驼在古代丝绸之路商队贸易乃至政治军事中发挥了重要作用。大量的骆驼商队载着商人、货物往来于丝绸之路上，敦煌壁画中就有骆驼行走在沙漠中的场景，唐三彩也有许多是骆驼俑。

陆上丝绸之路以我国古代都城长安（今西安）、洛阳为起点，途经我国甘肃、新疆一带，到达中亚、西亚，并连接地中海各国的陆上通道。

骆驼，对丝绸之路沿途国家的意义十分重大，千年前如此，现在依旧如此。

比如，在乌兹别克斯坦，由于临近沙漠，当地人养殖了大量骆驼和卡拉库尔羊。这里有一座著名的萨曼陵墓，陵墓是砖石结构，据说砌墙的泥浆中就加入了骆驼奶。

在土库曼斯坦，骆驼也是当地人蓄养的主要牲畜。当地人的奶制品不仅有牛奶、羊奶，还有骆驼奶。土库曼斯坦人常喝的夏季消暑饮品，就是由骆驼奶发酵而成的酸奶，味道酸甜可口，非常受当地人的喜欢。土库曼斯坦的骆驼毛织品也十分畅销。

在吉尔吉斯斯坦，当地人的饮食和很多草原上的游牧民族一样，以肉类、乳制品为主，他们的食谱中不仅有牛肉、羊肉，还有马肉、骆驼肉。

看来，骆驼不仅为人们贡献着运载力，还是重要的食物、商品来源。

唐三彩骆驼俑

　　作为丝绸之路上重要交通工具的骆驼，不仅成了当时的一道风景，其形象也作为文化象征，留在了历史中。

　　中国的陶瓷历史悠久，种类丰富。其中，唐朝有一种陶瓷被称为"唐三彩"。唐三彩，顾名思义就是有多种颜色的陶器，主要是黄、绿、白、黑、褐等，这里的"三"并非专指"黄绿白"三种颜色。唐三彩在当时并不是摆放在家里的工艺品，而是随葬品。

　　目前已出土的唐三彩很多都是骆驼造型。其中，有一尊唐三彩骆驼载乐俑，造型是一匹壮硕高大的骆驼，背上铺着一层毯子，毯子呈黄、绿两色，边缘还有精细的流苏造型；骆驼的背上一共载着八个人，七个演奏着各式乐器的男子围成一圈，中间站着一个跳舞的女子。

此类造型的唐三彩骆驼载乐俑不止一尊，还有一尊是骆驼的背上载了五个男人，四个人坐成一圈演奏乐器，中间一个在跳舞。从五官长相来看，这些人高鼻深目，应该是当时的胡人。骆驼载乐俑表现了唐时胡人来到长安，从事音乐、杂技等艺术活动的主题。

唐三彩骆驼展现了丝绸之路上骆驼的状态，造型生动逼真。有些骆驼平视前方，仿佛在沉稳地前行；有些骆驼昂首张口，仿佛在仰天长啸……通过这些文物，我们可以想象到千百年前骆驼的风采。

荒野毒王

　　放眼望去，沙漠里都是漫无边际的沙子，一阵风吹来只有黄沙涌动，这样的地方显得既孤独又可怕。

　　但是，这并不是说沙漠里就没有"生气"了。在我们难以窥察的地方，住着很多生命力旺盛的动物。

沙漠常年雨水稀少，生活在这种环境下的植物大都有强大的探寻水源的根系以及发达的储水系统，它们的叶片面积较小，有的甚至完全退化。比如，仙人掌的叶子退化成了针刺状叶。

为什么响尾蛇的尾巴能"沙沙响"

在沙漠或者干旱地带，远远看去一片黄沙地界，风滚草团成一团，起风时随风滚到很远的地方。在这种地方，我们要小心翼翼。因为你永远不知道，那些看似平静的地方潜藏着什么危险。

响尾蛇是一种有毒的隐藏高手，它和别的蛇一眼看上去似乎没多大区别，它的体长一般为 1.5 ～ 2 米，身体呈黄绿色，背上有一些菱形的黑褐色的斑纹，当把身体彻底埋进沙子或者隐藏在土块石砾中，它就很难被人发现。

响尾蛇能够隐藏自己，也能够暴露自己、威胁对手，它的典型特征是尾部具有响环。响尾蛇的尾部有一串中空的串珠，这些串珠其实是

干燥的角质环，当响尾蛇摇动尾巴时，角质环互相摩擦，就会发出"沙沙沙"的声音。这种声音和一种叫作"沙槌"的乐器发出的声音类似。响尾蛇就是通过这种声音来暴露自己，同时也在发出警告——小心点，不要靠近我！

响尾蛇的毒腺分泌出来的毒液十分厉害，被咬的人如果没有得到及时救助，就会有性命之忧。响尾蛇对那些威胁到自己的动物会产生条件反射式的攻击，即便是死去近一个小时的响尾蛇，依旧可能会忽然攻击靠近自己的生物。据说，这是因为响尾蛇的脑部有一个特殊部位，这个部位可以利用红外线感知附近发出热能的生物。我们都知道，蛇的视力不佳，而有的蛇可以感应温度变化。一条响尾蛇刚死不久，这时蛇的身体还没有腐败，它大脑的感知热度的部位依旧在工作，那么，当有体温的生物靠近时，它依旧有可能攻击对方。

有毒的蝎子

在沙漠里，人们需要远离的生物不仅有响尾蛇，还有蝎子。当然，蝎子不是只有沙漠里才有，雨林、山林里也有。

蝎子的外形好似琵琶，身体分节明显，拖着一条尾巴，尾巴尖上带着毒刺，蝎子通过尾刺将毒液排出去。不同种类的蝎子都有毒，只是毒性大小不同。比如，以色列金蝎毒性很强，有一定致命性，栖息在北非和中东干燥的沙漠地带，原产自以色列，有各种颜色和斑纹，身材比较纤细。还有一种美洲沙漠黑蝎，其毒液会影响人的心脏功能，但致命性较弱。它是可变的颜色，多呈现红色和黑色，足肢是棕红色，看上去个头比较壮硕，吃蟑螂等昆虫，生活在岩石和树皮中。

蝎子不仅毒性强，战斗力也很强，它的毒尾和大螯都是十分厉害的武器。蝎子性情凶悍，昼伏夜出，捕食昆虫，喜欢群居。一般同窝的蝎子有雌有雄，有大有小，很少相互残杀，但当食物、水分、生存空间不够的时候，同窝的蝎子也会互相残杀，那些老弱病残的蝎子会第一时间被同类清除掉。

蝎子不只有凶残的一面，母蝎子产卵后会一动不动地孵化自己的卵，直到小蝎子出生。小蝎子出生后被胎膜包裹，蝎子妈妈会小心翼翼地用钳子撕开薄膜，犹如猫妈妈给刚出生的孩子剥掉胎衣，而不会伤到小蝎子。蝎子

妈妈会保持双钳落地的姿势，让小蝎子顺利地爬到自己背上。遇到危险时，蝎子妈妈会迅速背着小蝎子迁移。在小蝎子不具备独立生活能力之前，绝不允许其自由下地活动。行进过程中，蝎子妈妈如果遇到危险，会摆出攻击的架势——挥舞双钳，如果有小蝎子不幸掉落，母蝎子会伸出钳子，引导小蝎子重新爬上母背。

沙漠"狂奔"者

　　沙漠里有能耐饥渴的骆驼，它们性格温顺，是人类的好朋友。沙漠里也有响尾蛇和蝎子等有毒的动物，稍不留神就有可能被咬或被刺……不过，这也不是沙漠的全貌，那里还有一些"奔跑者"。

善于奔跑的鸵鸟

　　沙漠里最知名的"长跑运动员"，应该非鸵鸟莫属。鸵鸟是世界上体型最大的一种鸟类。鸵鸟的体态使其在奔跑的时候独具优势，与其他鸟类不同，鸵鸟只有两根脚趾，站立时，趾爪仅轻微接触地面，奔跑时，趾爪则像钉子鞋一样穿透地面，因此能够快速奔跑。它有长长的脖子，

小小的脑袋，身上的羽毛蓬松、柔软，有很强的耐热性。值得一提的还有鸵鸟的一双大长腿。鸵鸟的腿不仅非常长，而且很健壮，这让它跑起来时迈的步子比寻常鸟类都要大。成年雄鸵鸟身高可达2.5米，体重可达150千克。

有传言说，当鸵鸟遇到危险时会把脑袋埋到沙子里，但是身子还会露在外面，仿佛它自己看不见危险，危险就不存在了。

但是，这只是谣传。如果遇到危险时鸵鸟只是把脑袋埋在沙子里，它还是暴露在危险之中的，这种躲避天敌的方式会让鸵鸟早早灭绝。那么为什么鸵鸟会给人这种错觉呢？因为鸵鸟在警戒时会把头压低，鸵鸟身体的颜色远远看去可以很好地融入周边环境，它可以把自己伪装起来。当鸵鸟遇到危险时，它会张开双翅，吓唬敌人，在快速奔跑时，张开双翅可以维持身体的平衡。

过去，西方社会将鸵鸟毛作为一种装饰品，装点在帽子和衣裙上，有时也将其做成扇子，或者直接插在瓶子里作为家居装饰。18世纪后期，很多上流社会的贵妇在参加舞会或者沙龙的时候，会戴着饰有鸵鸟毛的帽子，经过处理的羽毛闪耀着流光，深受人们的喜爱。

肥尾沙鼠的尾巴为什么那么"胖"

在撒哈拉沙漠里以北，生活着一种鼠类，叫作"肥尾沙鼠"。养过仓鼠的人或许对肥尾沙鼠的长相不陌生。仓鼠和肥尾沙鼠都有一个胖嘟嘟、毛茸茸的身子，不过，和仓鼠不同的是，肥尾沙鼠有着尖尖的鼻子，尾巴更加粗壮，形似球棒。为什么它们会有这么"胖"的尾巴呢？还记得我们在前面提到过的骆驼吗？骆驼之所以能够在沙漠里长时间行走，就是因为骆驼的驼峰可以储存脂肪。有趣的是，肥尾沙鼠把食物和水分储存在了自己的尾巴里，饱满的尾巴表明沙鼠的健康状况良好。与骆驼类似，它们体内有

特殊的水分调节系统，能够排出浓缩的尿液，以节省水分，适应沙漠严酷的环境。看来，生活在极端环境里的动物们，都需要有一些适应环境的"独门绝技"才行。

肥尾沙鼠的听觉十分灵敏，迅速跳跃的能力非常好，它们是群居动物，在发现天敌时会互相报警，以逃避敌害。

　　肥尾沙鼠善掘洞，有发达的爪，能够挖掘复杂的洞系。大一些的肥尾沙鼠挖的洞系有十几个或者几十个洞口，里面有不同功能、相互交错的洞道。关键时刻，结构复杂的"地下迷宫"就是它们强大的暗堡。

敏捷的蜥蜴

　　沙漠里动作敏捷的可不止沙鼠，还有长相奇特的蜥蜴。

　　蜥蜴属于爬行动物，多数蜥蜴长着长尾巴和发达的四肢，身体表皮为革质鳞，头上一般有外耳孔，外眼睑多能活动。蜥蜴的种类繁多，外形特征有较大差异。

　　有些蜥蜴的附肢已经退化，比如帝王蛇蜥，像蛇一样完全没有附肢；还有一些蜥蜴的眼睛上是不可活动的透明眼睑，有了这样的眼睑，它们在猛烈的沙暴中都能看到周围的景物；有些蜥蜴的舌头会分叉，有些则是厚实的圆舌头；在遇到危险时，有些蜥蜴会断尾自救，有些则不会。

　　蜥蜴分布广泛，生活环境也各有不同，大都是在热带和亚热带地区。我国西北地区常见的有荒漠沙蜥、新疆岩蜥等。有些蜥蜴生活在雨林，

比如，南美热带雨林的长肢山冠蜥；有些生活在岛屿，比如，新西兰岛屿上的喙头蜥。

生活在沙漠中的沙蜥动作迅速，能够将身体迅速埋入沙中。这让它们不仅能在开阔的地面躲避敌害，还可躲避炽热的阳光。

长有后肢的蜥蜴多数跑得很快，并能迅速改变前进的方向，有的蜥蜴还可在水面奔跑。

蜥蜴奔跑的动作十分灵敏，这和它看似笨拙的外表和静止时呆滞的神态形成鲜明对比。虽然它并不擅长长跑，但是，它能够在瞬间发起迅速且猛烈的进攻，速度之快，身形之灵活，定位之准确，往往令猎物措手不及。

沙漠里的动物们，似乎不是在追击，就是在躲藏，这些沙漠"狂奔"者也成了沙漠里的代表成员，它们向人类展示了沙漠的残酷和喧嚣。

图书在版编目（CIP）数据

荒野大乐园 /《让孩子看懂世界》编写组编著. —
北京：石油工业出版社，2023.2
（让孩子看懂世界的动物故事）
ISBN 978-7-5183-5680-5

Ⅰ.①荒… Ⅱ.①让… Ⅲ.①动物—青少年读物
Ⅳ.①Q95-49

中国版本图书馆CIP数据核字（2022）第186488号

荒野大乐园

《让孩子看懂世界》编写组　编著

出版发行：石油工业出版社
　　　　　（北京市朝阳区安华里2区1号楼　100011）
网　　　址：www.petropub.com
编 辑 部：（010）64523616　64523609
图书营销中心：（010）64523633
经　　　销：全国新华书店
印　　　刷：三河市嘉科万达彩色印刷有限公司

2023年2月第1版　　2023年2月第1次印刷
787毫米×1092毫米　开本：1/16　印张：4
字数：35千字

定价：32.00元